Le Dahlia.

LE
DAHLIA.

SON ORIGINE, — SA CULTURE, — SA PROPAGATION,

EN PROVENCE.

Par Camille Aguillou,

MEMBRE DE L'ACADÉMIE D'HORTICULTURE DE PARIS.

Toulon:

IMPRIMERIE DE DUPLESSIS OLLIVAULT.

1833.

LE

Dahlia

SON ORIGINE, — SA CULTURE, — SA PROPAGATION,

EN PROVENCE.

Le Dahlia, *Georgina variabilis (Willdenow)*, famille des radiées *(Juss.)*, introduit en France en 1800, plante vivace du Mexique, racines tuberculeuses, fusiformes, réunies en faisceau. Du collet de ces tubercules sortent, chaque année vers la fin de mars, des tiges fistuleuses herbacées de trois à sept pieds selon les variétés : celles-ci sont garnies de feuilles opposées, sessiles vers les extrémités des rameaux, pétiolées plus ou moins longuement à leurs bases ; pinnées à cinq folioles impaires, quelquefois sept, peu souvent bipinnées ; folioles plus ou moins dentées, velues ou glabres formant des touffes qu'on prendrait au premier aspect pour des pieds de sureau. Vers leur sommet sortent des aisselles des feuilles, des fleurs solitaires, quelquefois deux portées, le plus souvent sur de longs pédoncules, fleurs très-variées dans leurs couleurs de huit à dix demi-fleurons en rayons rangés autour d'un disque brillant par ses fleurons d'un jaune d'or ; graines d'un noir grisâtre, longues et

plates, renfermées dans un commun ré-
ceptacle écailleux.

Les Dahlias forment aujourd'hui un
des plus beaux ornemens de nos parterres par leurs masses élégantes de verdure,
par leurs superbes gerbes de fleurs ; dé-
roulés en espaliers les Dahlias peuvent
servir de protecteurs à de jeunes plantes ;
jettés seuls dans un jardin, ils se dessi-
nent avec une grace infinie. L'aspect
d'une telle collection a quelque chose de
grand, quelque chose de majestueux qui
subjugue la personne la moins amie des
fleurs ; on éprouve un indicible plaisir
à admirer tout ce luxe floral, si plein
d'élégance, de variété, au milieu de ces
masses de plantes que l'art de l'horticulteur a su distribuer pour la décoration
de ses plates-bandes, de ses corbeilles,
de ses massifs. Cette fleur n'était autre-
fois que l'apanage de l'opulence, main-

tenant elle est devenue indifféremment la possession du pauvre et du riche. J'ai vu en Suisse de modestes habitations, des chaumières au sein d'ombreuses vallées, ornées de touffes de beaux Dahlias; par leur taille élancée, ils avaient l'air d'exercer une sorte de souveraineté sur toutes les fleurs placées autour d'eux. S'ils m'ont paru créés, par leur fraîcheur et leur éclat, pour enrichir ces belles vallées helvétiques où ils s'harmonient si gracieusement à toute cette somptueuse verdure des arbres et des arbustes, leurs mille nuances éclairées de notre brûlant soleil du midi n'ont pas moins eu d'attraits séducteurs à mes yeux.

Je les divise en deux classes : les grands dits français et les nains d'origine anglaise.

Pour la propagation des Dahlias on ne connaît en Provence que les semis, et l'éclat des tubercules auxquels on a soin de laisser un collet si on veut avoir des fleurs l'année d'après, sans cela, le tubercule ne fait que végéter et souvent il succombe. Les graines donnent des variétés infinies. Le moyen de bouturer le Dahlia n'a pas encore été essayé dans nos pays, les jardiniers du nord l'ont seuls employé avec succès, seulement pour les espèces rares.

Voici le mode de culture que j'ai suivi et qui me réussit très-bien depuis plusieurs années.

Dans le mois de mars je sème les graines de Dahlias dans une caisse terreautée, ou bien dans un petit carré préparé avec soin d'où l'on a extrait les pierres ; les graines doivent être recouvertes seulement de trois ou quatre lignes de terre très-fine. Vers la fin d'avril on les repique lorsqu'ils ont acquis la grosseur d'un tuyau de plume là où ils doivent donner leurs fleurs, à la distance d'un pied les uns des autres. Les tubercules sont plantés au milieu de mars à la profondeur de six à sept pouces, le collet en l'air, éloignés de huit à dix pouces de leurs voisins. Le terrain destiné à les recevoir a dû dès le commencement de l'hiver en décembre ou janvier être profondément bêché et fumé si l'on veut avoir de belles et vigoureuses plantes.

Si on les destine à former espalier on a la précaution, au fur et mesure que les tiges s'élèvent de les assujétir avec des liens de jonc à des roseaux qu'on a solidement ficellés sur des pieux placés de distance en distance; on étale gracieusement ces pousses herbacées, elles sont très-cassantes. Quand on veut les jeter en massifs on a recours à des tuteurs peints de diverses couleurs; je ne connais pas de pays où l'on emploie plus de tuteurs de mille formes, de mille couleurs, que la Suisse; on reconnaît une sorte de coquetterie dans la manière dont ils sont disposés dans les parterres. C'est au talent de l'horticulteur à grouper convenablement ses Dahlias, en employant à propos les grands et les nains.

Les fleurs sur les tubercules sont plus précoces; elles apparaissent en mai : au moment des grandes chaleurs les Dahlias se bornent à renforcer leur feuillage; en septembre seconde fleuraison qui continue jusqu'aux premiers froids; j'oserai presque avancer qu'elle est supérieure à la première par l'éclat et le nombre des fleurs. Dans le cours de l'été il faut fournir de l'eau aux Dahlias en très-grande abondance, leur consistance toute herbacée en absorbe une immense quantité.

Les terrains les plus forts, les plus gras sont ceux qui conviennent le plus aux Dahlias.

Les plantes provenant de semis fleurissent ordinairement en juin ; il faut dès que les fleurs se montrent les étiquetter pour pouvoir ensuite l'année suivante former un bel ensemble de leurs couleurs habilement mariées. Maintenant que les Dahlias anglais sont devenus communs on a presque entièrement renoncé aux français ; je ne suis pas disposé à suivre cette fâcheuse impulsion, j'emploie également les français à haute tige pour les grouper entre eux. Les nains aux premiers rangs, les grands aux seconds et troisièmes. Quant aux nains leur taille varie d'un pied à deux ou trois.

C'est en octobre que je commence à récolter mes graines, j'écarte celles qui sont le moins du monde suspectes, je ne con-

serve que les plus franches, les plus sai-
nes. Un sac est disposé à renfermer les
graines françaises, un autre les anglaises ;
quand j'ai des nuances remarquables je
sépare les graines en inscrivant le nom
de la couleur sur le paquet.

Lorsque les tiges ont été fondues par
les gelées automnales fin novembre ou
décembre, selon les temps, j'enlève soig-
neusement mes tubercules, je les mets
essuyer sur des planches ou des clés en
roseaux dans un appartement modéré-
ment éclairé pendant quelques jours,
j'ai eu la précaution en les relevant de
terre de leur attacher un numéro gravé
ou peint sur un morceau de bois (a. x.).
Ce numéro se rapporte à celui de mon
catalogue ; il indique la couleur, la taille,
l'origine du Dahlia. En les replantant j'ai
soin d'inscrire tous ces détails en désig-
nant la position où je mets mon Dahlia.

Par cette méthode je ne me trompe jamais sur l'histoire de mes plantes. Le Dahlia est une des fleurs qui exige le moins de soins dans nos contrées, il ne leur faut que de l'eau et des tuteurs pour les abriter de la fureur de notre mistral.

Les tubercules durent plusieurs années ; j'en ai que je relève tous les ans, ils datent de 7 à 8 années. Ils sont sujets à se moisir ; j'attribue cet accident à la saison où on les recueille ; il faut du sec et du soleil. Quand ils sont bien secs on les dépose dans des sacs de papier, une étiquette dessus. Plusieurs personnes laissent leurs tubercules en terre, il n'y a pas de danger pour eux, hors le cas où le froid deviendrait très-intense et que la terre gèlerait à plusieurs pouces ; heureusement une aussi triste calamité n'afflige pas la Provence toutes les années.

J'ai cru devoir pour l'instruction des amateurs d'horticulture qui pourraient reconnaître quelque analogie aux tubercules des Dahlias avec ceux des patates ou autres, citer le passage suivant, extrait du dictionnaire classique d'Histoire Naturelle, par MM. Audonin, Bourdon, etc. etc. (t. 7, p. 310).

« Les rapports botaniques qui existent entre les Dahlias et les topinambours autorisaient à penser que l'homme et les bestiaux pouvaient retirer quelque avantage de ses tubercules ; on les supposait même un aliment sain et agréable; l'expérience avait démontré qu'ils n'étaient d'aucune utilité pour la nourriture animale. Mais M. Desmazières à Lille (1823), a prouvé par ses observations qu'on doit en restreindre l'emploi à la nourriture des animaux domestiques, qui en paraissent très-friands. En 1823 MM. Payen et Chevallier, chimistes, ont vanté ces racines comme substance fermentescible, ils y ont reconnu un principe qu'ils ont nommé dahline ; mais qui selon Braconnot n'offre que les caractères de l'Inuline. »

Je pense en dernier résultat, que dans ce moment-ci, l'homme ne peut retirer aucun avantage de ce tubercule pour sa nourriture ; il restera pour l'ornement de nos parterres, hormis que plus tard la culture perfectionnant cette substance, de nouvelles analyses démontrent qu'il faut revenir sur l'opinion qu'on avait émise sur cette racine. Je laisse aux savans éclairés qui font la gloire de notre patrie, le soin de nous instruire sur cette matière ; en mon particulier, j'ai voulu tracer quelques lignes sur le mode de culture que j'ai suivi pour mes Dahlias ; là se bornaient toutes mes pensées : je serai satisfait si ce que j'ai dit peut être utile à nos horticulteurs Provençaux.

Toulon. — Imprimerie de Duplessis Ollivault.